四川文艺出版社

图书在版编目（CIP）数据

答案之书 / 保罗著. -- 成都 : 四川文艺出版社,
2024. 10. -- ISBN 978-7-5411-7060-7
Ⅰ. B821-49
中国国家版本馆CIP数据核字第20243M60F0号

DA AN ZHI SHU
答案之书
保罗 著

出品人　冯　静
出版统筹　刘运东
特约监制　王兰颖
责任编辑　李国亮　范菱薇
特约策划　王兰颖
特约编辑　张贺年
营销统筹　刘玉瑶
封面设计　Lol.V
责任校对　段　敏

出版发行　四川文艺出版社（成都市锦江区三色路238号）
网　　址　www.scwys.com
电　　话　010-85526620

印　　刷　天津鑫旭阳印刷有限公司
成品尺寸　144mm×173mm　　开　本　40开
印　　张　16　　字　数　10千字
版　　次　2024年10月第一版　　印　次　2024年10月第一次印刷
书　　号　ISBN 978-7-5411-7060-7
定　　价　42.00元

《答案之书》使用说明

1. 把书放在桌上，闭上眼睛。
2. 用 5 至 10 秒钟的时间集中思考你的问题。例如：“他喜欢我吗？”或“我需要换个工作吗？”
3. 在想象或说出你的问题的同时（每次只能有一个问题），一只手放在这本书的封面上，然后从后往前，翻动书页的边缘。
4. 当你感觉合适的时候，打开书，你要寻找的答案就在那里。
5. 遇到任何问题，你都可以翻开它。

打开它
找到你的人生答案。

别失望

不必为你无法控制
的事情而担心

A

不要忘记微笑

阳 光

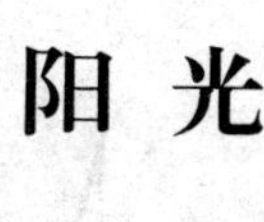

挥 手 道 别

你失去的某天会以
不同的方式归还你

A

你 的 状 态 很 不 对

这是个麻烦

你或许需要突破

放 弃

你 唯 一 能 做 的
只 有 把 握 现 在

A

学 会 珍 惜

改变心情

一 直 走 下 去

优 秀

坚持不懈地努力

不 适 合

愉快生活

终 点

换 一 个 方 向

岁 月 静 好

放轻松，这很简单

早 点 儿 开 始

不 要 后 悔

也许会迟到

沉默

好像平凡了点

糊涂一点更好

善待自己

放手

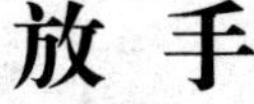

呼吸一下新鲜空气

没有答案

感恩，
运气会越来越好

原 谅

自我欣赏

复杂的事情简单做

学 会 自 己 保 护 自 己

A

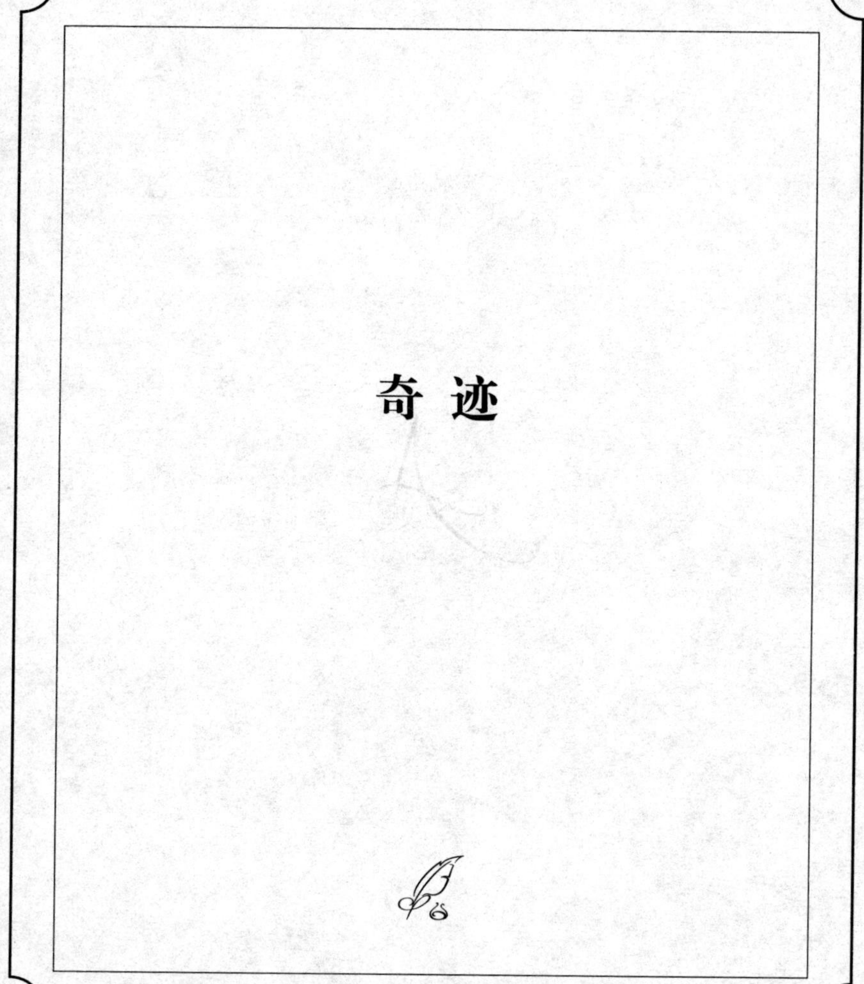

奇迹

给 自 己 一 个 肯 定

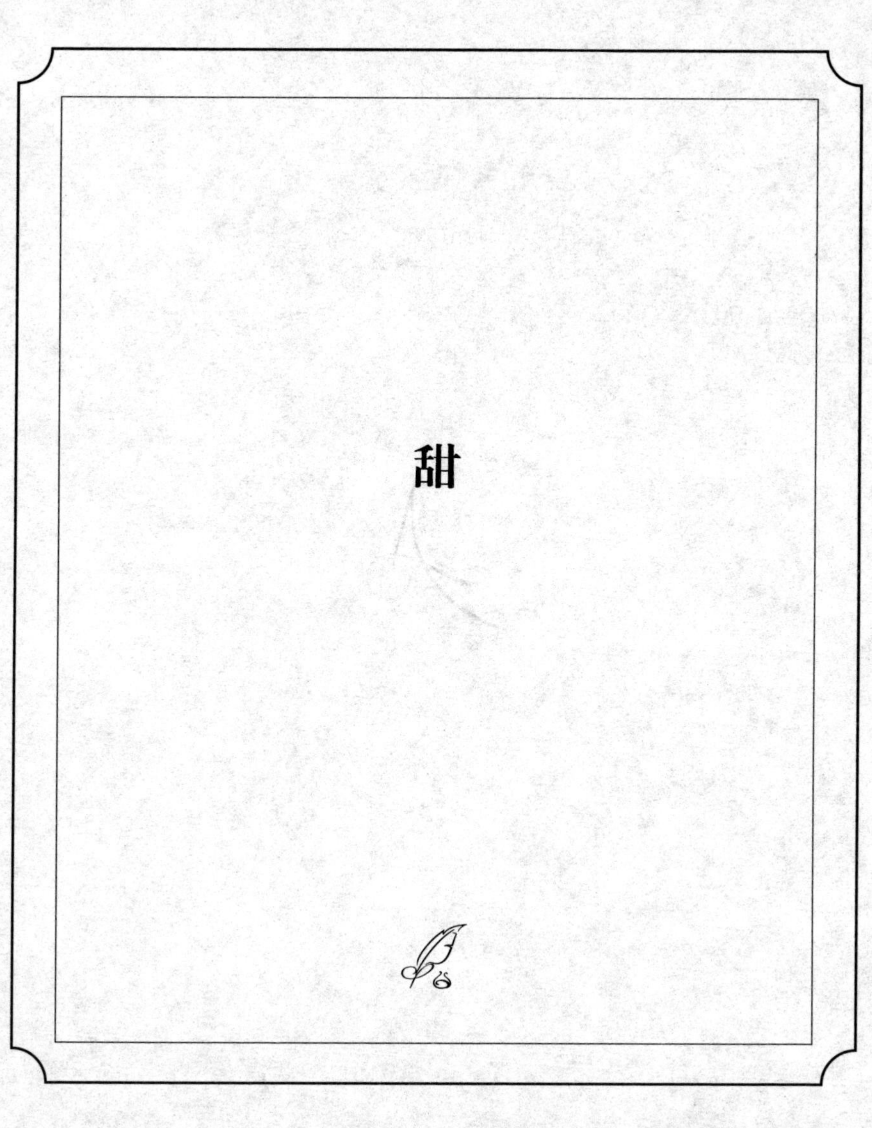

甜

摆 正 心 态

种下满足
收获幸福

把 握 现 在

学 会 好 奇

最美丽的一天

A

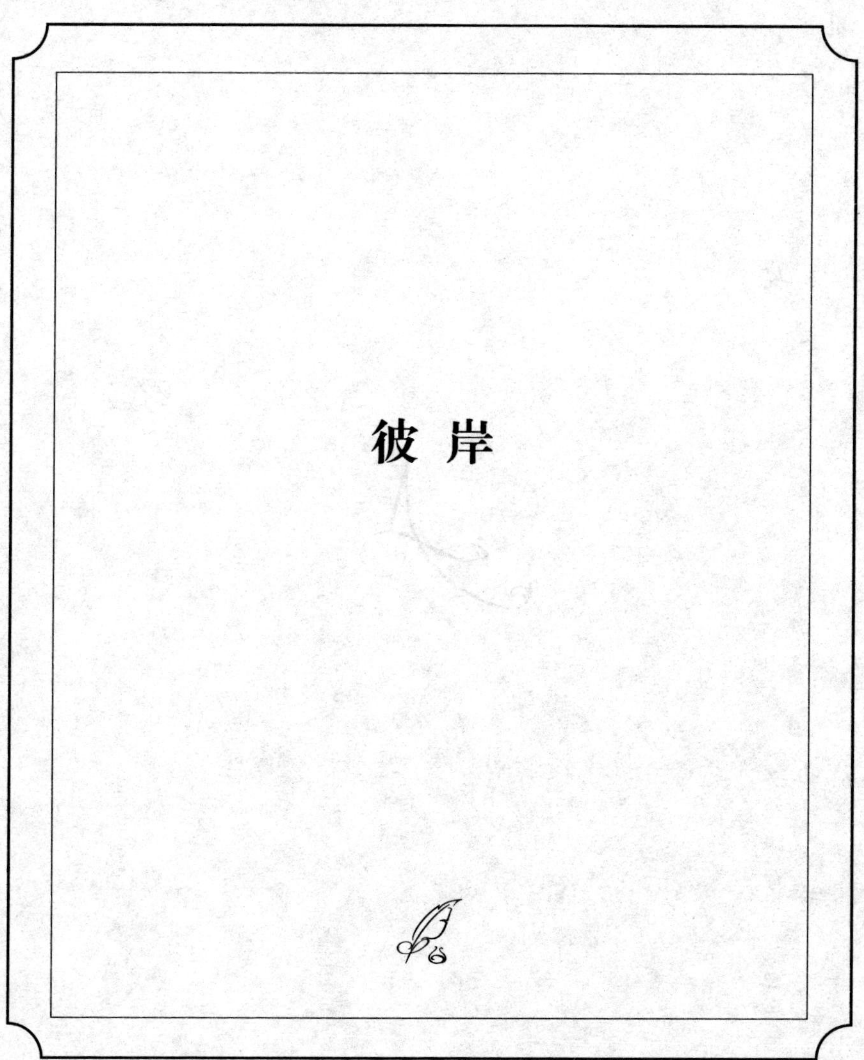

彼岸

停 止

坚 强

永恒

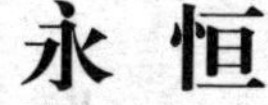

常 常 是 最 后 一 把 钥 匙

打 开 了 神 殿 门

A

不要刻意隐藏

停止悲伤

不要刻意压抑

背不动的就放下

不要怕

尊 重 自 己 的 感 受

A

想 念

驻 足 静 立

活 下 去

去 爱

回家

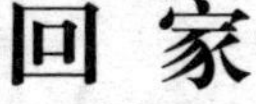

未解之谜

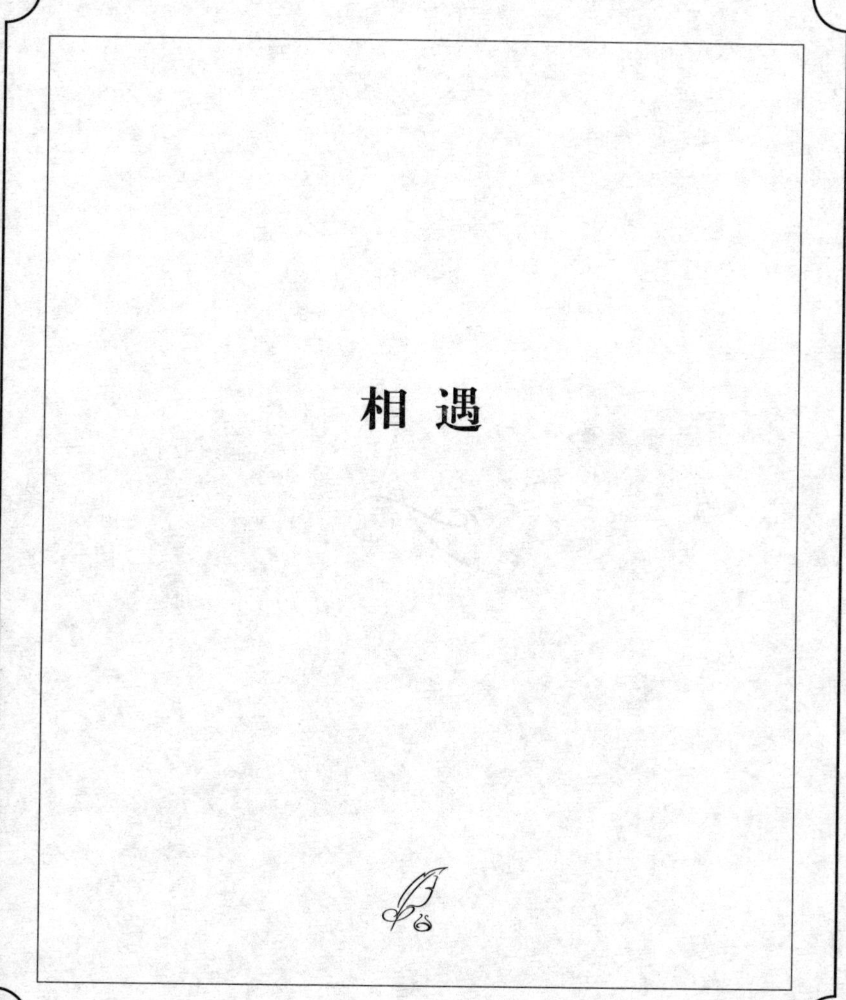

相遇

陌 生 人

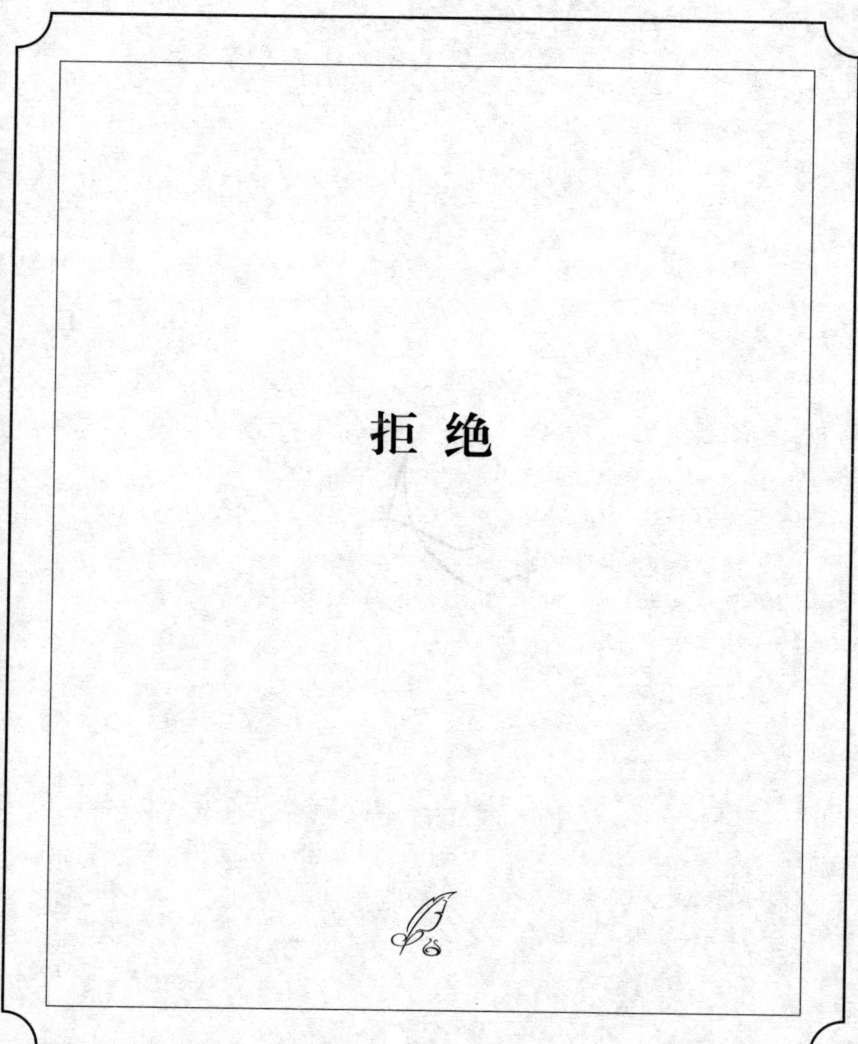

拒 绝

本 能

取 暖

重逢

不要去忘记

自 信 起 来 吧

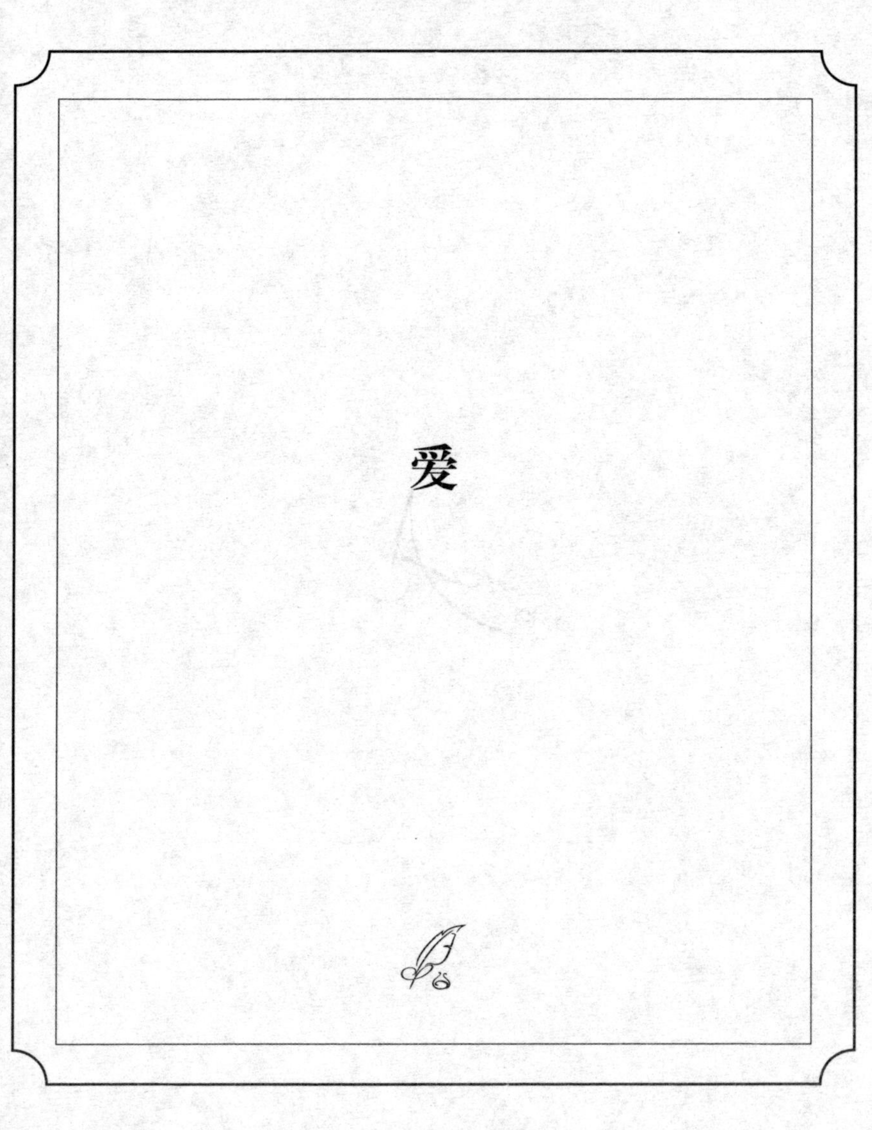

爱

接受那些消失的

到此为止

一 步 之 遥

保持

虚无的关系

时 间 有 限

迷失的世界

慢 下 来

可怕

了 不 起

一个正在到来的晴天

好 天 气

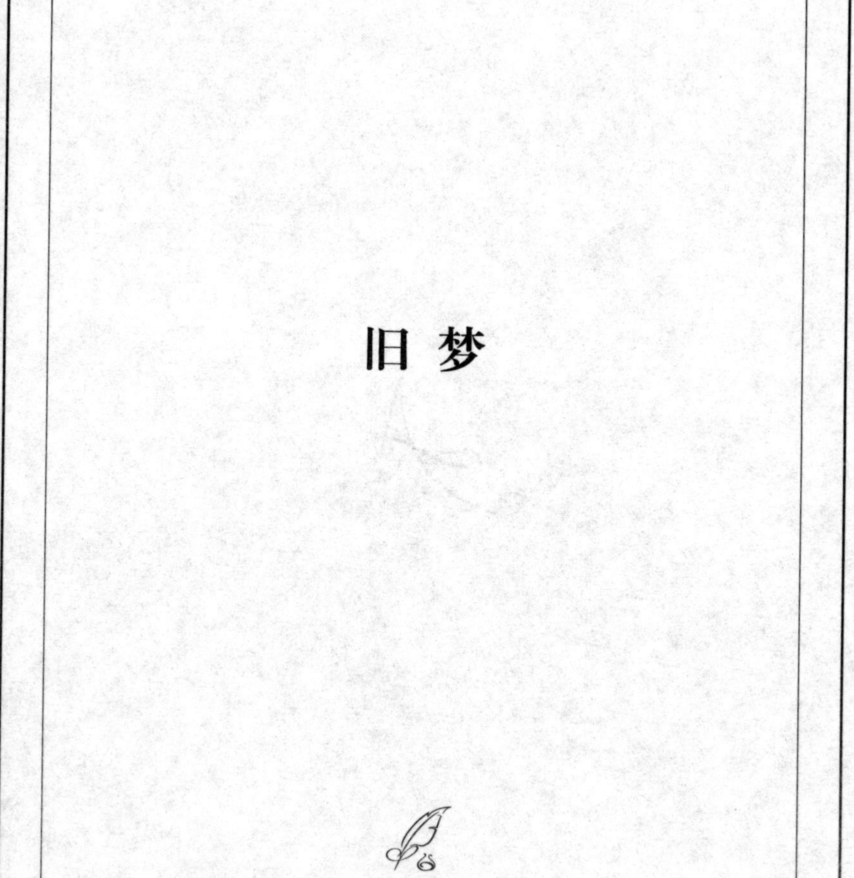

旧梦

挽 留

逆水行舟

听从内心

可以期待的未来

平平安安

挥别错的

值得庆幸

成为事实

萌芽

有一些重要的事

让你泪流满面的

A

不知所措

给人依赖

对未知的期盼

A

平 常 心

一切皆有可能

控 制 自 己 的 情 绪

一 切 顺 其 自 然

一条没有鲜花的道路

得不到别人的认同

暂且不要判断

不要一成不变

学 会 认 错

你祈求的一切顺利

享受全心全意的付出

站在了最重要的地方

A

捕风捉影

欢 天 喜 地

轮 回

你无法继续沉睡

得 到 了 多 数 的 支 持

十分好的预感

背 叛

盛开

学 会 改 变 什 么

最划算的交换

退 后 一 厘 米

这真是一个
奇怪的问题

用 力 活 着

成 长

最好的事情正要发生

没有什么是对的

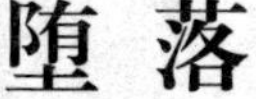
堕落

多 余

必须努力奔跑起来

会有人陪着你

驾驭

站起来去战斗

不要看轻别人

多 读 一 本 书

下 一 页 才 是
你 的 人 生 答 案

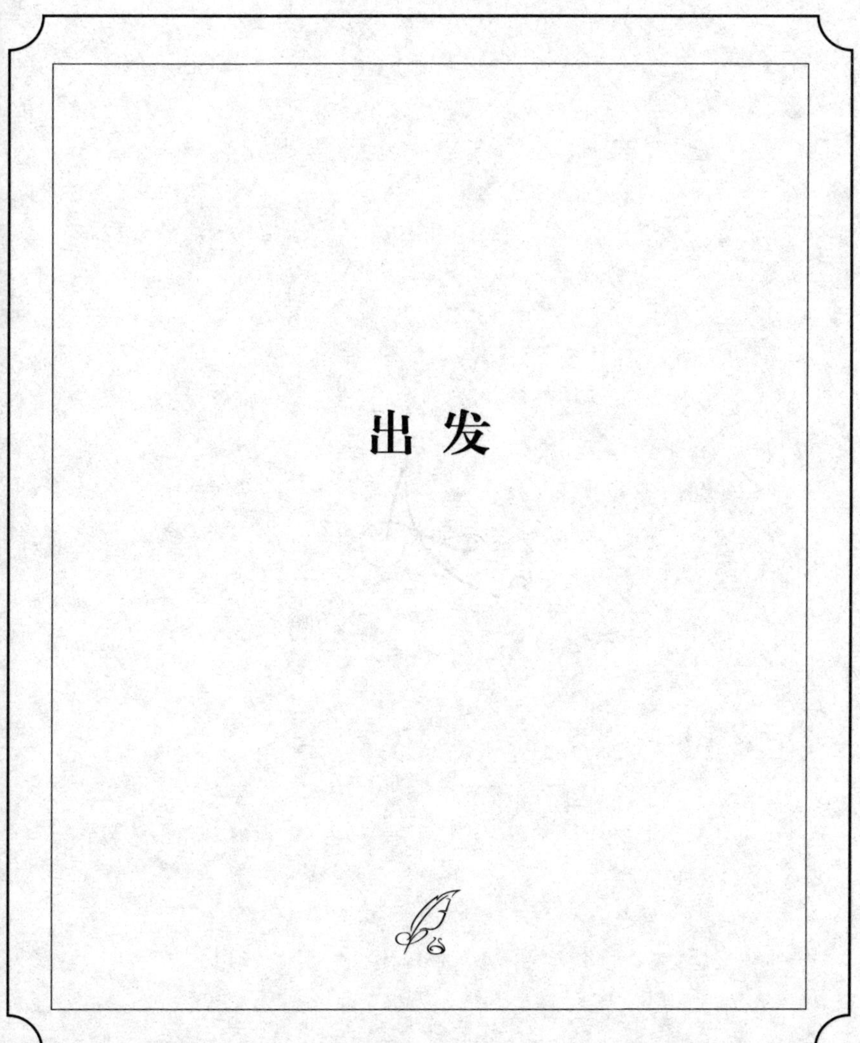

出发

差不多得了

不要给人添麻烦

一个人的细水长流

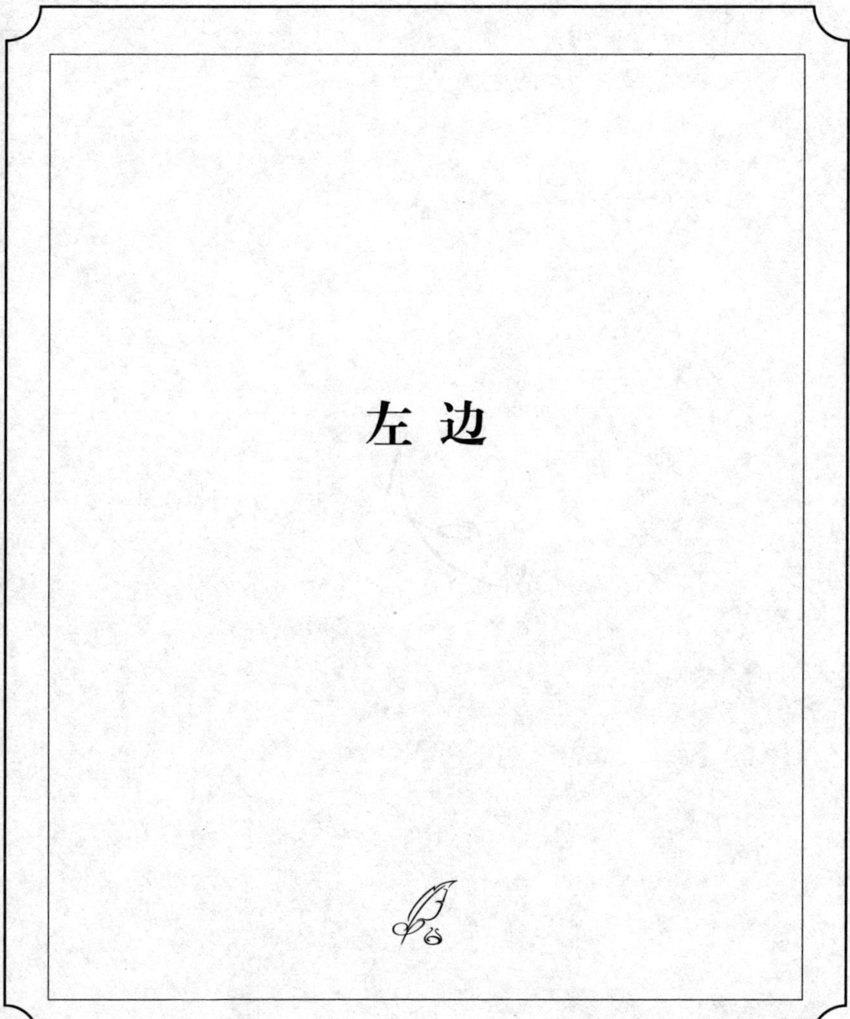

左边

有人浪费了你的时间

最后什么都没改变

对，去吧！

扔掉这些东西

有些人开始慌乱

找回自己

重 生

慢些，我们就会更快

A

一个人的朝圣

孤单

明天再思考吧

独角戏

平 凡 之 路

直面残酷

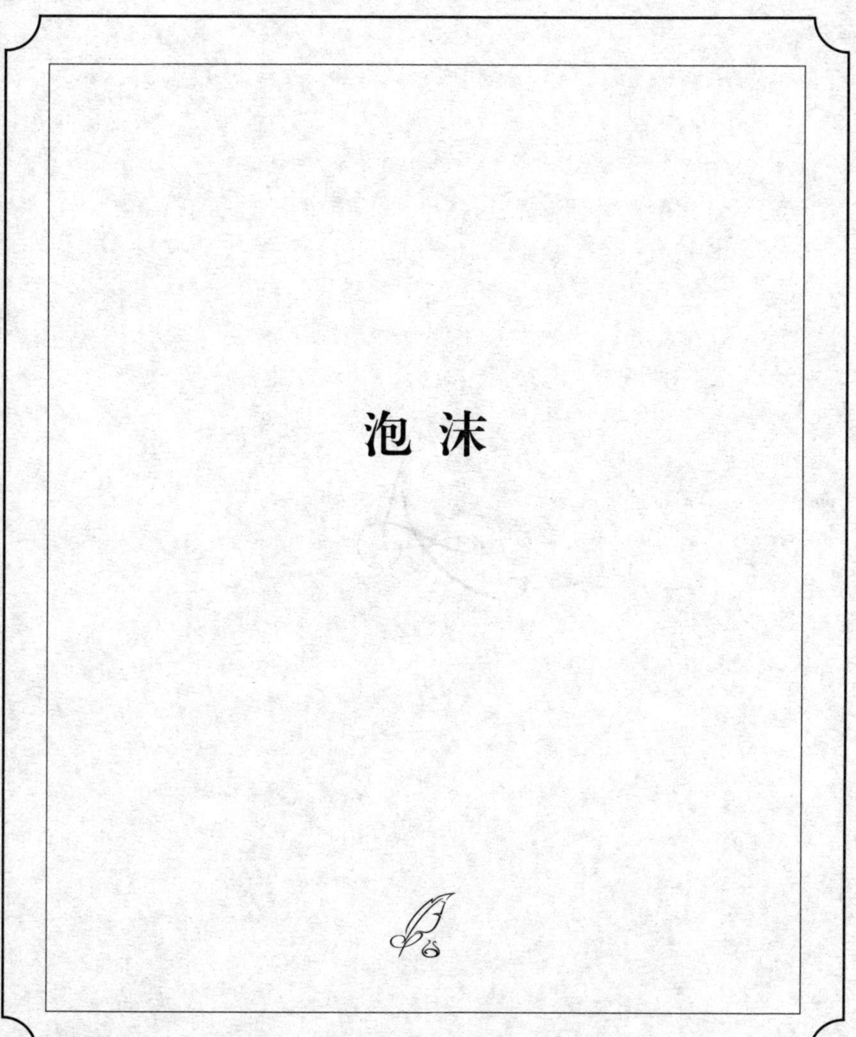

泡沫

你 大 概 会 受 点 伤

远 行

一 直 在 找 什 么

回 头 看 看

唤醒沉睡的你

也许会有好转

A

烦 恼 快 要 消 失 了

A

一 无 所 有

显得有些唐突

A

迷人的危险

结束倒计时

第二次被伤害的机会

A

并不会让你高兴

没 什 么 放 不 下

等 待

永远不会愈合的伤口

骗不到自己

悄悄躲开

一场完美的悲剧

寻寻觅觅

不要做出任何决定

开心的肯定

浪费光阴

保 密

被唾弃的决定

停止向前

有点儿意思

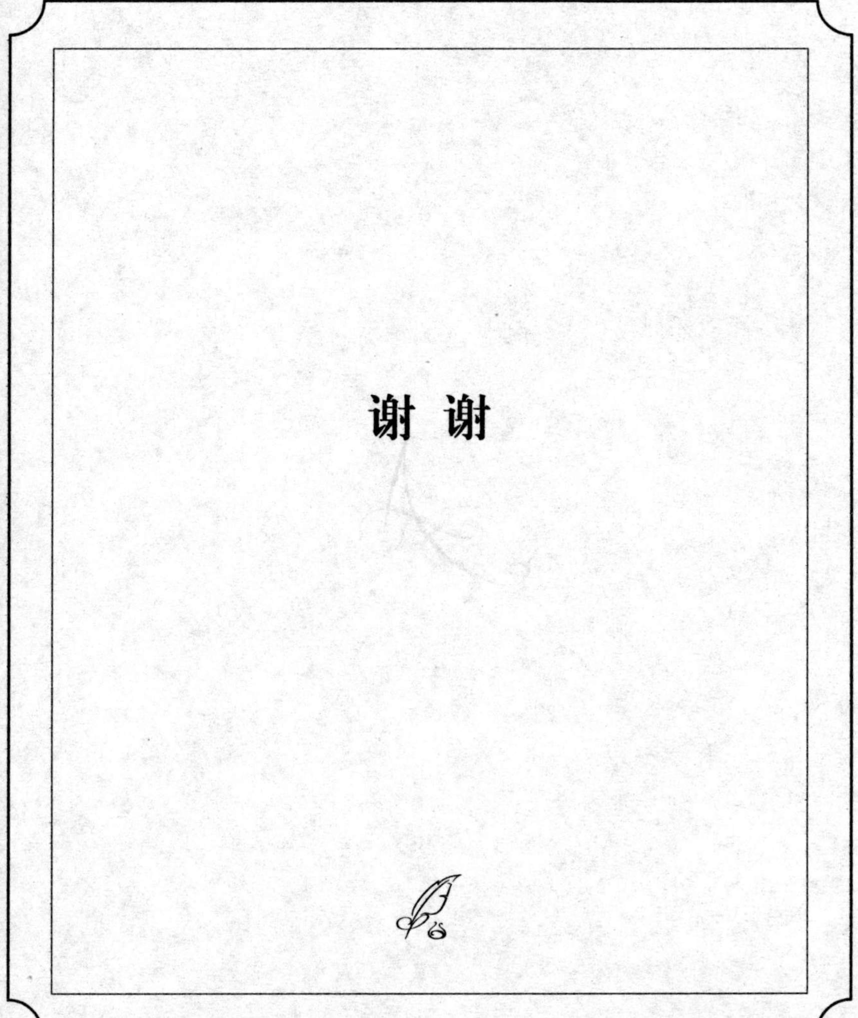

谢 谢

再也不要见

完 美 时 刻

会让你痛苦的

僵持不下

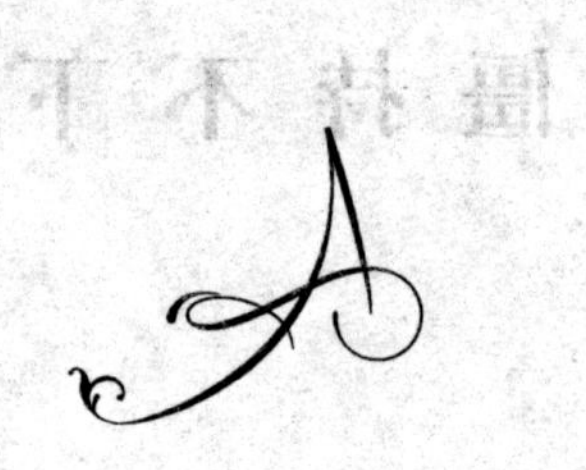

必不可少

对不起

试着慷慨一点儿

A

这不是能犹豫的事儿

A

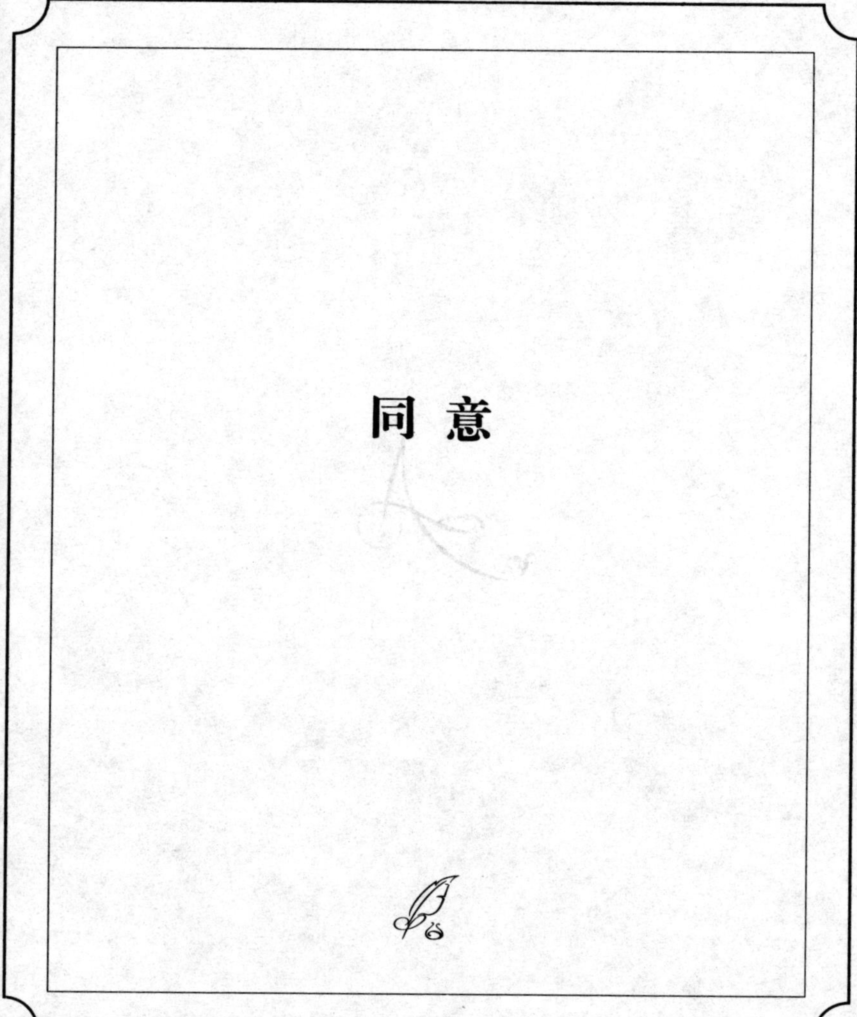

同 意

试着安静一会儿

默默无闻

A

虚 空

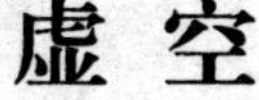

戒掉过分的急躁

不 要 隐 藏 起 来

其实大家都知道

会 被 一 直 依 赖 的

A

全部给 TA

坚持了不该坚持的

A

你好像舍不得

A

有点儿心疼

轻而易举地伤害

卑微地等待

你有必要傻一点

一 成 不 变

你会忘记 TA

禁言

只 是 一 场 梦

你要勇敢地离开

拼凑不了的昨天

容易被操控

尽你最大的努力

去忘记

大家好像都不认同

认 真 起 来

值得去做的事

A

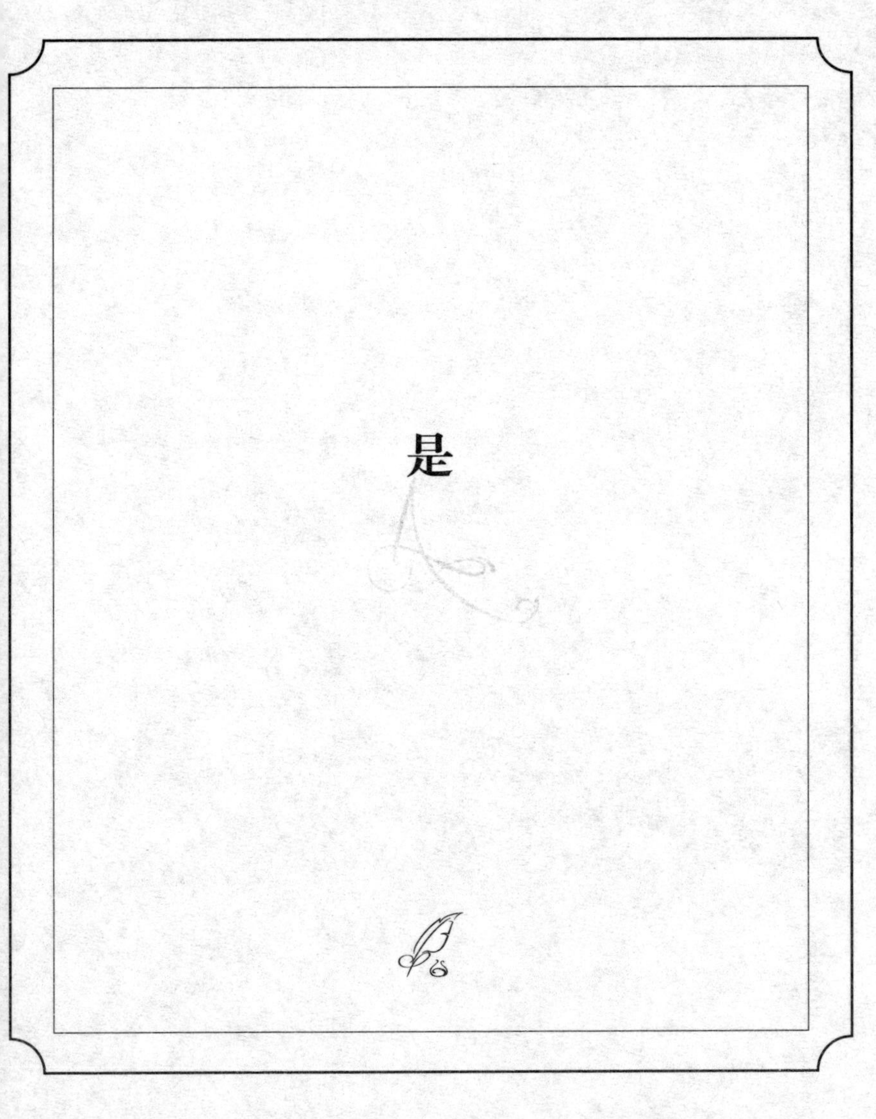

是

白 日 梦

转个身忘记吧

你可能会比较悲伤

这绝对是个好主意

好的指引

不是

充满未知的迷惑

光 明 的

幼稚又可笑

你很幸运

机 会 就 在 眼 前

不 如 忘 掉 这 个 问 题

又干净又明亮

专 注 一 点

殊途同归

背 道 而 驰

小迷糊

你在开玩笑吗

别难过，
你是最棒的

吃 点 东 西
冷 静 一 下

这个大概会让你哭泣

高兴起来吧
你这么厉害

别总想着过去了

捍卫 TA

无谓的徘徊

将 要 被 击 溃

不必耿耿于怀

放在心里吧，
这样比较好点

不用伪装到面目全非

别压抑自己的天性

一 个 人 安 安 静 静 待 一 会 儿

既然认准这条路，
就不要去想走多久

大哭一场会好受点

总会慢慢淡去的

明天就会有
新鲜事儿发生

这事情要靠缘分

太 糟 糕 了

这是起跑线

没事，有我在

不要把所有表情
都写在脸上

别人会对你苦笑

好 像 会 很 累

有 人 撑 着 你 向 前

A

你需要的只是勇气

不甘心的话，
就努力争取吧

无条件的付出

试着更快一些

A

这是昂贵的礼物

A

不能永远一成不变

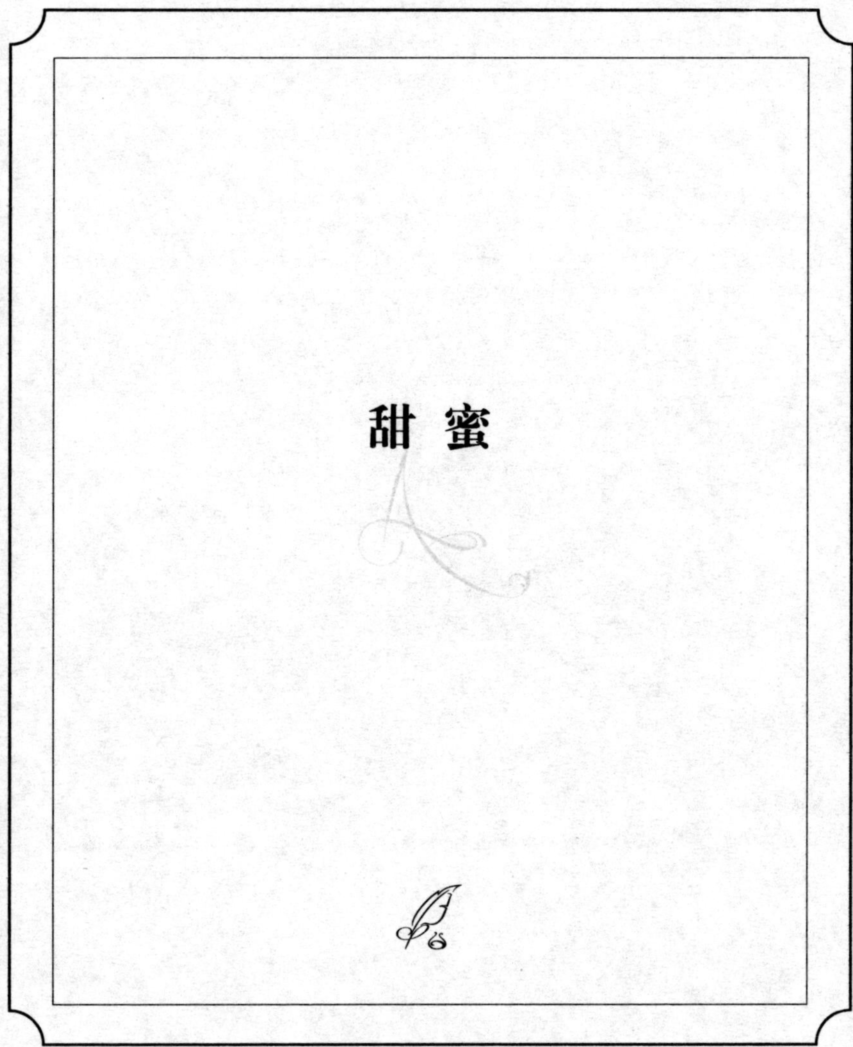

甜蜜

会有一些困难

等 待 下 一 个
故 事 的 发 生

试着面对自己真实的想法

这就是结局

心会冷掉

愿意并且相信

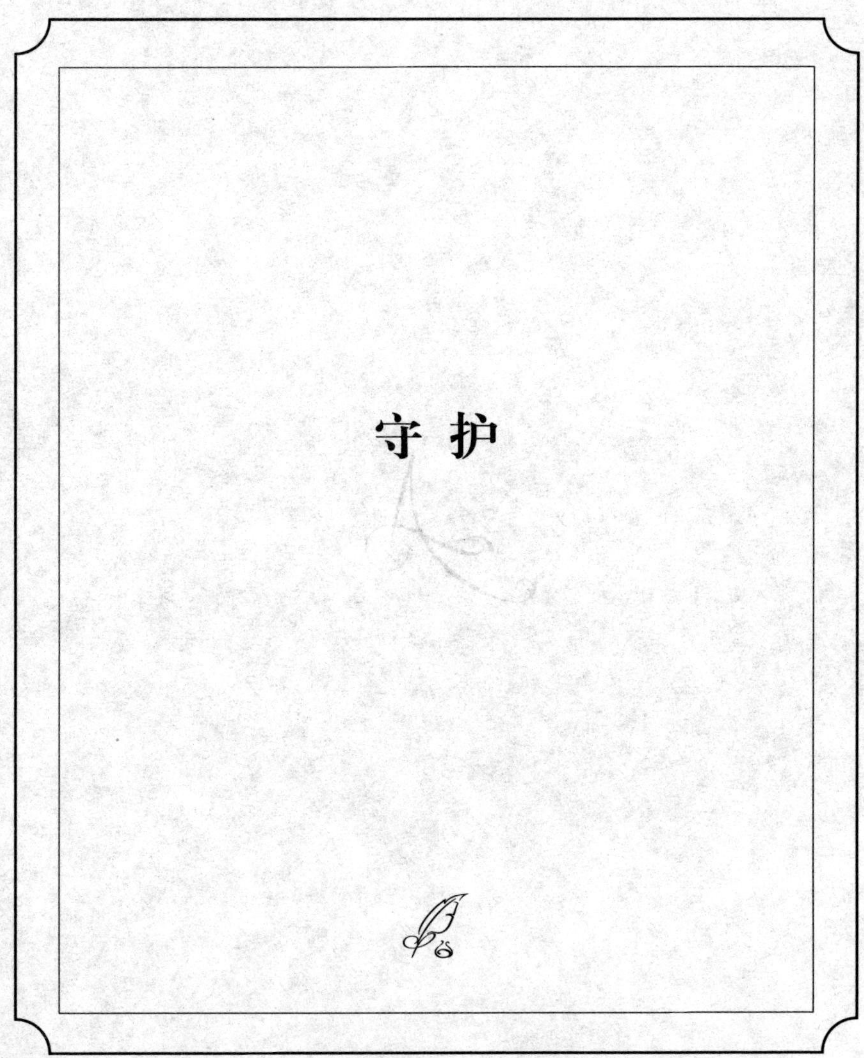

守护

将要奔赴一场
未知的路程

隐忍

不 必 要 的 退 让

这大概会让你
有点儿寂寞

形同陌路

不 要 轻 易 去 相 信

可能会很累

有 些 人 选 择 了 离 开

会让周围的人
感觉到温暖

会有一个
风光明媚的未来

大概要多想一会儿

值得肯定

好 像 会 有 很 大 的 麻 烦

注 意 一 下 周 围

你 将 会 有 好 的 运 气

大概吧

漂亮

你可能会失去一些东西

看见的都不是真的

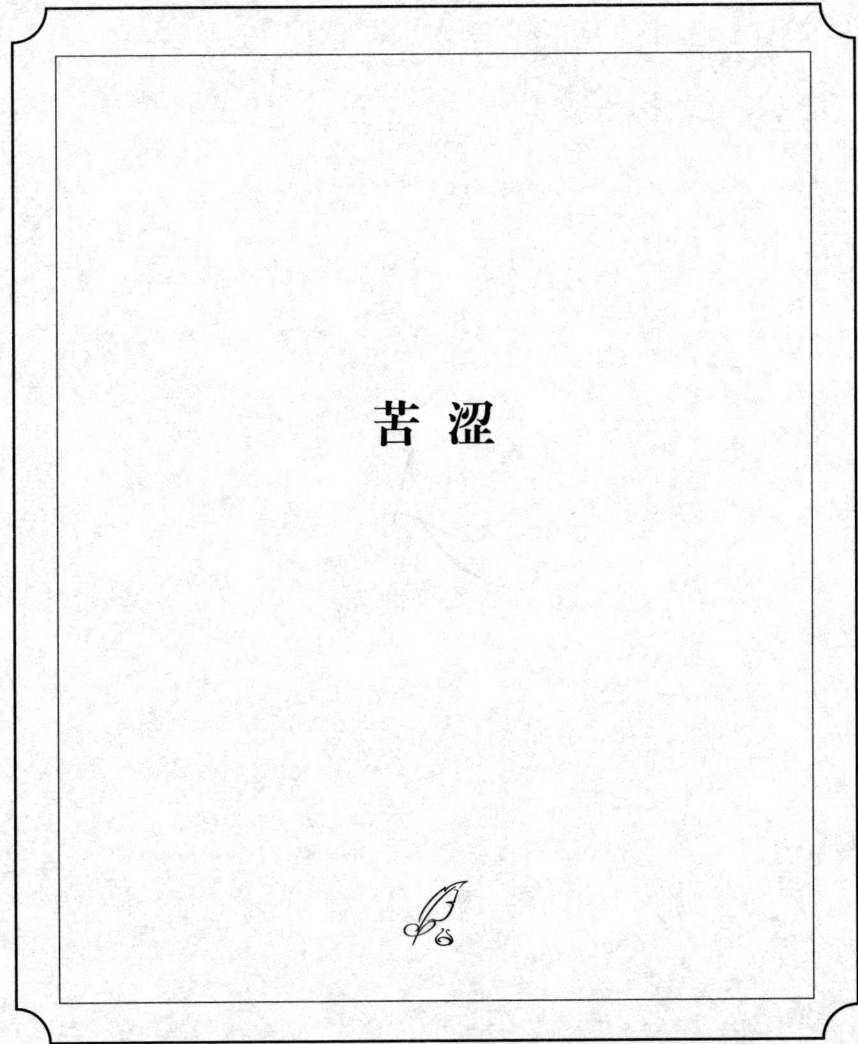

苦 涩

看向未来

笑

该 接 受 的 终 将 会 接 受

保 护 你 的 温 暖 所 在

这就是命

未来会变得特别繁忙

居心叵测

这简直太有趣了

胜券在握

突如其来的幸福

平 分 秋 色

非常融洽

按照一定的规律
到达了终点

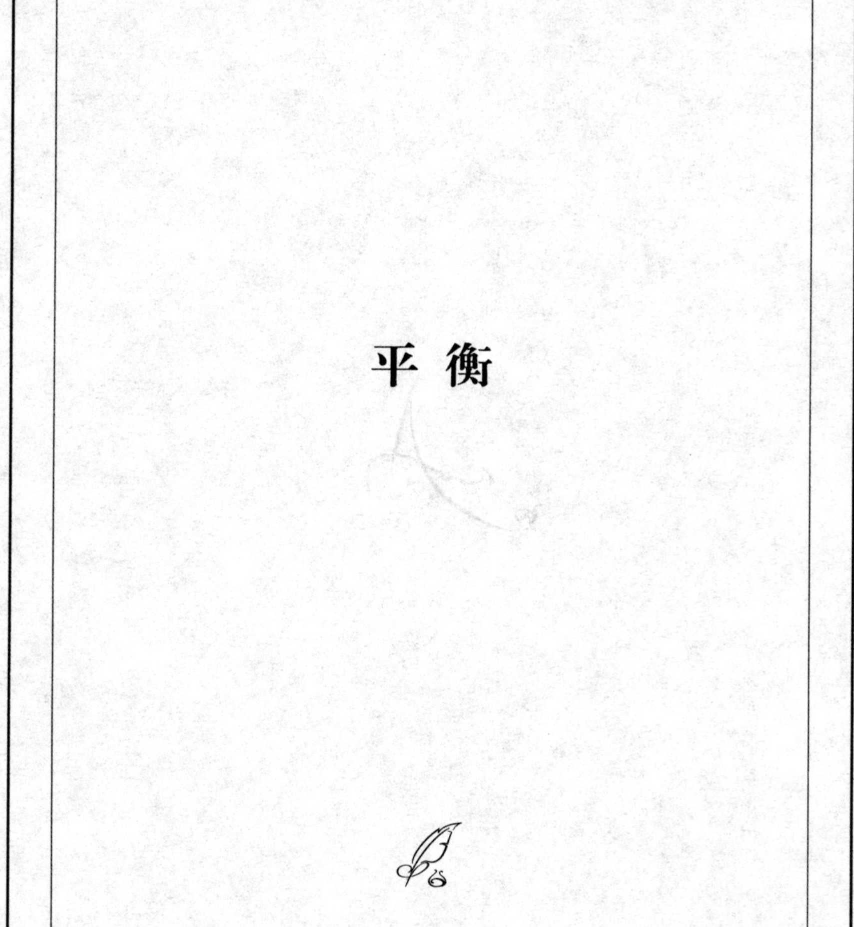

平衡

残 留 的 遗 憾

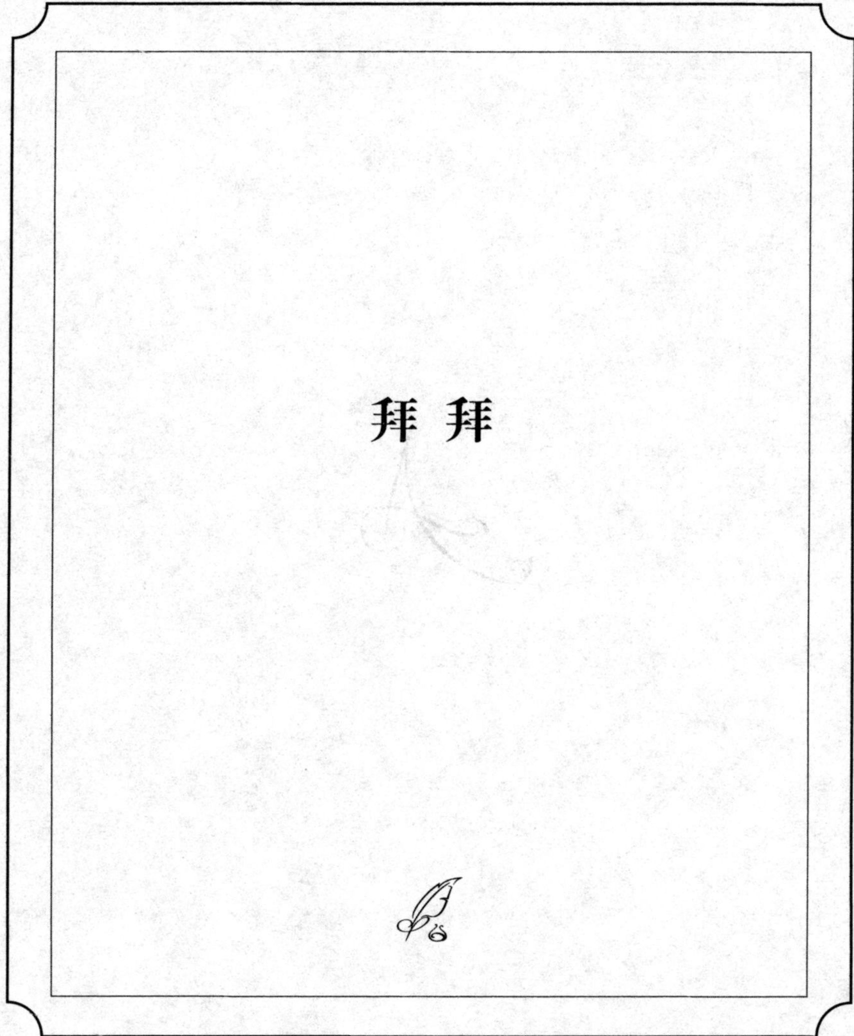

拜拜

特别的见解

最特别的幸运

值得喝一杯

并 不 确 定 真 伪

使人警惕起来

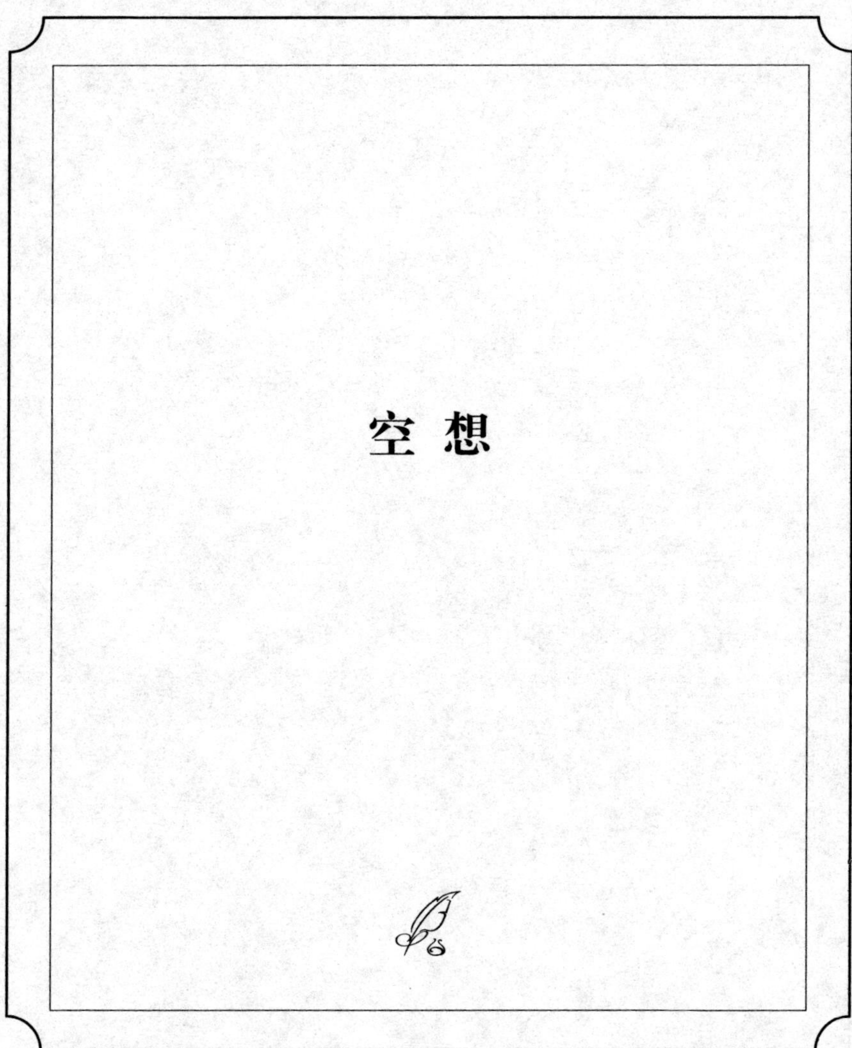

空想